AF547771

Impressum

Lektorat: Theresia de Jong

Korrekturat: Regina Briese

Layout, Satz: Susanne Krause

Covergestaltung: Andreas Reiberg

Einklang Verlag

ISBN: 978-3-946315-27-8

Helma Gerken

… federleichtes Gärtnern!

Zetel

„Wer vergisst,
wie man die Erde beackert und
das Feld bestellt,
vergisst sich selbst.“

Mahatma Ghandi

Inhalt

Januar

Februar

März

April

Mai

Juni

Juli

August

September

Oktober

November

Dezember

Einleitung – das federleichte Gärtnern

Noch ein Gartenbuch? Schöne Gärten, in Perfektion abgebildet. Diese Gartenbücher gibt es bereits in großer Anzahl. Ich selbst habe einen 3.000 m² großen Bauerngarten. Wunderschön.

Doch gepflegt, wie man viele Vorgärten sieht. Beim Anblick dieser Hochglanz-Bilder bekam ich Frust. Das waren mir zu viel Arbeit und zu hohe Kosten. So habe ich mir die für mich beste Methode der Gartengestaltung ausgesucht: Ich nenne sie „das federleichte Gärtnern". Dabei brauche ich, außer zur Pflanzung, keinen Spaten und auch keine Gießkanne. Möchtet ihr wissen, warum das funktioniert? Diese Frage wird mir oft gestellt.

Die Beantwortung fiel mir anfangs nicht leicht, bis ich begann, die Kreisläufe der Natur zu verstehen.

In diesem Buch könnt ihr das federleichte Gärtnern kennenlernen.

Anhand von Beispielen erkläre ich, warum viele, heute selbstverständliche, Tätigkeiten im Garten sinnlos sind. Ja, vielmehr genau das Gegenteil bewirken. Denn alles, was wir tun auf Erden, verlangt einen Ausgleich. Bei Beachtung dieser Regel und mit ein wenig Geduld, wird auch euer Garten eine grüne Oase.

Nutzt die Zeit, euer Umfeld ganz neu kennenzulernen. Nehmt Kontakt auf zu allen Tieren und Pflanzen in eurer Umgebung. Egal, ob im eigenen Garten oder in der Stadt am nächsten Grünstreifen. Beim Gärtnern kann alles neu wahrgenommen werden.

Wir spüren wieder die Jahreszeiten. Und den Sinn des Werdens und Vergehens. Das praktische Tun erdet und lässt die Uhr langsamer ticken.

Denkt ihr dabei vielleicht: „Dafür habe ich keine Zeit!“, oder: „Und wenn, es wird ja doch wieder zugemüllt?“

Ja richtig, das habe ich auch gedacht. Doch das Gärtnern wirkt ansteckend und verbindet uns mit uns selbst. Und auch mit den Menschen in unserer Umgebung.

Ich beachte für das federleichte Gärtnern den Mondstand. Alles zum richtigen Zeitpunkt zu tun, spart viel Zeit und Geld. Und so sind unsere Vorstellungen in der Gestaltung im Einklang mit der Natur federleicht umsetzbar.

1. Das federleichte Gärtnern – kurz und knapp

Federleichtes Gärtnern in drei Schritten:

Schritt 1:
Bei Trockenheit den Boden lockern und das „Unkraut“ entfernen.

Schritt 2:
Nach einem Regenguss bepflanzen. Mit Mulch dünn bedecken.

Schritt 3:
Evtl. aufkommendes Unkraut ist durch den Mulch
als Decke nur schwach verwurzelt und kann leicht herausgezogen
werden.

... eine ausführliche Beschreibung in Kapitel 4

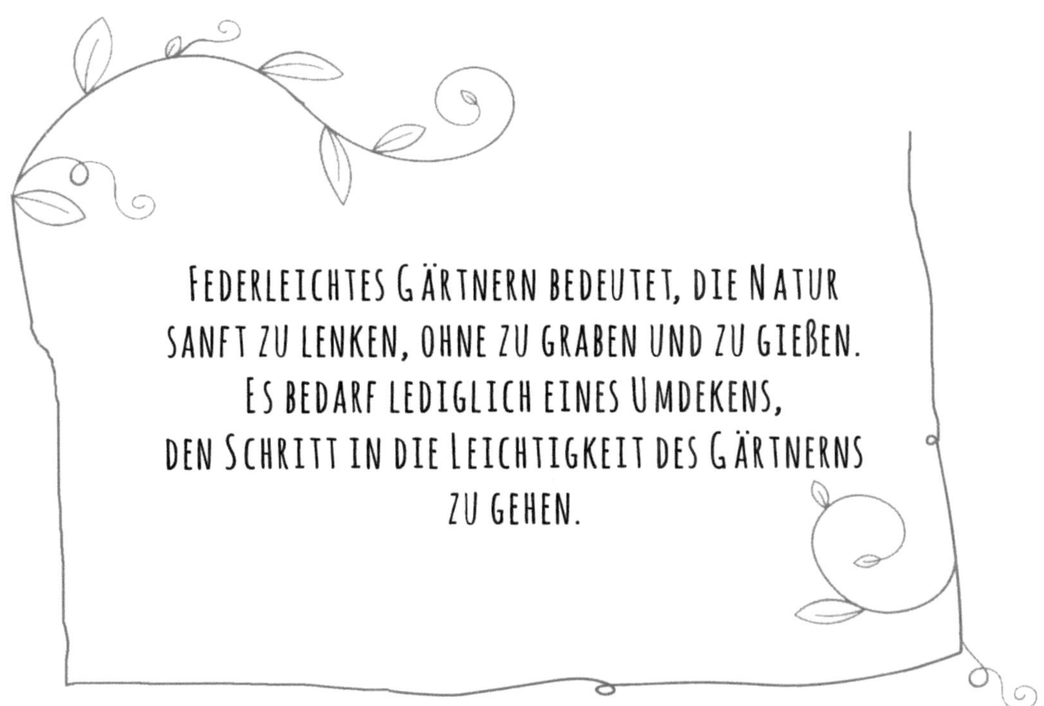

FEDERLEICHTES GÄRTNERN BEDEUTET, DIE NATUR SANFT ZU LENKEN, OHNE ZU GRABEN UND ZU GIEßEN. ES BEDARF LEDIGLICH EINES UMDEKENS, DEN SCHRITT IN DIE LEICHTIGKEIT DES GÄRTNERNS ZU GEHEN.

Alles was wir tun müssen, ist zu verstehen, dass alles in der Natur ein Gleichgewicht braucht. Graben wir ein Loch in den Boden, benötigen die Bodenlebewesen sofort Ersatz für die entfernten Pflanzen. Wird gegraben, ziehen sich die Bodenlebewesen in die tieferen Erdschichten zurück. Da die Natur den offenen Boden sofort bedecken möchte, wächst „Unkraut“. Streuen wir die bepflanzte Fläche mit Mulch ab, so nehmen wir der Natur ihren Drang, zu ihrem Schutz mit Unkrautwuchs zu antworten. Gleich einem Pflaster, das wir auf die Wunde kleben. Dünn, damit weiterhin ein Austausch der Luft mit dem Boden stattfinden kann.

Eine dünne Schicht reicht aus, nur so können die Bodenorganismen dort leben, wo unsere jungen Pflanzen anwachsen wollen. Mit diesen Voraussetzungen haben sie einen guten Wachstumsstart.

Denn es ist durch die Abdeckung

-FEUCHT -WARM -DUNKEL.

Besonders wichtig für einen gesunden Bodenhaushalt in Böden, in die der Mensch eingreift, ist der Regenwurm. Charles Darwin hat Zeit seines Lebens über die Tätigkeit der Regenwürmer geforscht. Besonders fasziniert hat ihn die Wirkung der Verdauungstätigkeit des Regenwurms auf das Pflanzenwachstum. Er gräbt Röhren, indem er die Erde frisst und hinterher wieder ausscheidet. Dabei verdaut er organischen Dünger und tote Kleintiere.
Diese Wohnröhren sind oft zwei bis drei Meter tief. Diese nutzen unsere Pflanzen dann, um kräftige Wurzeln auszubilden. So kann auch Regenwasser vom Boden besser aufgenommen werden, da es schneller versickert und nicht oberflächlich in der Kanalisation verschwindet. Der Boden wird dadurch besser belüftet. Regenwurmkot gilt als der beste Dünger der Welt. Seine Ausscheidungen sind sofort pflanzenverfügbar.
Künstlicher Dünger muss erst von den Organismen und Regenwürmern verstoffwechselt werden, um für die Pflanzen Nahrung zu sein. Doch die Regenwürmer mögen keinen künstlichen Dünger. Sie ziehen Mulch und anderen organischen Dünger vor.

2. Der Mond - federleicht

Das Wissen über die Mondrhythmen ist in Vergessenheit geraten. Kritiker verorten das Wissen darüber gern in Richtung Esoterik und fügen reflexartig hinzu: „Daran glaube ich nicht“.
Vor der Entwicklung des Kunstdüngers (Anfang des 19. Jahrhunderts) wurde allerdings in allen Bereichen damit gearbeitet. In der Landwirtschaft, in Haus und Garten. Jeder Kalender hatte bis zum 1. Weltkrieg einen Eintrag zum Mond.

Ich habe dazu einige Bücher gelesen. Einiges davon habe ich ausprobiert. Aufgrund der Ergebnisse in vielerlei Bereichen, gehört die Anwendung mittlerweile seit Jahren zu meinem Alltag. Da es Tätigkeiten sind, die ich sowieso mache, ist das nicht mit zusätzlicher Arbeit verbunden. Der Mondstand hat beim Gärtnern einen großen Einfluss auf das Wachstum.

Im Jahresverlauf gilt:

Jeweils ein halbes Jahr im Wechsel gibt es den aufsteigenden und den absteigenden Mond. Beim aufsteigenden Mond (in der Zeit von der Wintersonnenwende am 21.Dezember bis zur Sommersonnenwende am 21. Juni) ist Pflanzzeit. Es wird gesät, gepflanzt und alles steht auf Wachstum. Beim absteigenden Mond (von der Sommersonnenwende bis zur Wintersonnenwende) ist Erntezeit. Die Natur kommt zur Ruhe und bereitet sich auf einen neuen Kreislauf vor.

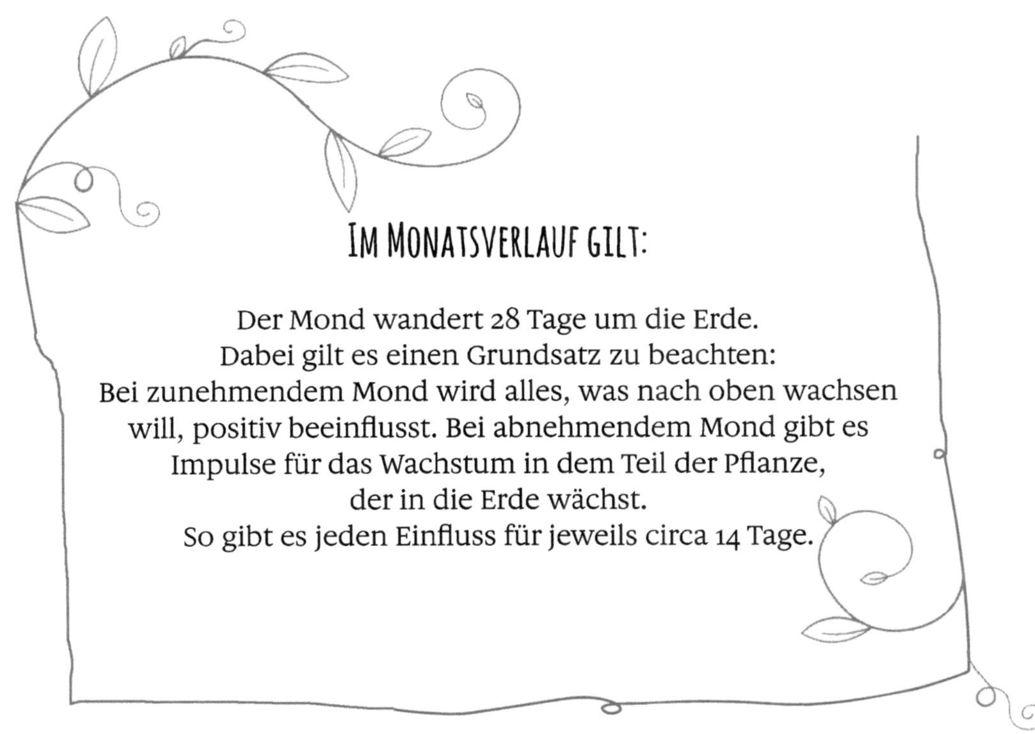

Im Monatsverlauf gilt:

Der Mond wandert 28 Tage um die Erde.
Dabei gilt es einen Grundsatz zu beachten:
Bei zunehmendem Mond wird alles, was nach oben wachsen will, positiv beeinflusst. Bei abnehmendem Mond gibt es Impulse für das Wachstum in dem Teil der Pflanze, der in die Erde wächst.
So gibt es jeden Einfluss für jeweils circa 14 Tage.

Dementsprechend wähle ich den Zeitpunkt der Aussaat danach, welchen Teil der Pflanze ich ernten möchte.
Besonders eindrucksvoll zu sehen ist der Einfluss bei der Radieschen-Saat. Hier möchte ich den unterirdischen Pflanzenteil ernten. Also wähle ich für die Saat einen Tag, an dem der Mond abnimmt.

Jeder Hobbygärtner hat es wohl schon mal erlebt. Die Radieschen stehen hoch im Blatt, man erwartet eine große Knolle. Doch bei der Ernte ist sie so klein, dass man sie im Salat kaum wiederfindet. Die wenige Tage später gesäten Radieschen haben kaum Blatt, dafür eine gut ausgebildete Knolle.
Viele lassen sich dann entmutigen und denken, dass sich die Mühe nicht lohnt. Doch mit der Beachtung des Mondstandes lassen sich solche Enttäuschungen vermeiden. Auf alle Mondregeln kann ich nicht eingehen. Das Wissen dazu wächst langsam durch Erfahrung.
Ist es zu viel auf einmal, werden viele damit aufhören, weil es verwirrend ist, alles auf einmal zu erfahren. Beschäftigt man sich aber länger damit, sind alle Mondeinflüsse nachvollziehbar. Für diejenigen, die sich mehr damit befassen möchten, gibt es einen Literaturhinweis im Anhang.
Der Mond hat auch einen großen Einfluss auf unsere Gesundheit. Im abnehmenden Mond leitet der Körper alle überflüssigen Stoffe aus. „Ernährungsfehltritte“ unsererseits werden vom Körper nicht so übelgenommen. Im zunehmenden Mond reagiert der Körper stärker auf alles, was wir zu uns nehmen. Das Zuviel an Essen, der Konsum von Fastfood, Alkohol und Zigaretten werden vom Körper stärker aufgenommen.
Heute hat das Zuviel an Nahrung oft den gesundheitlichen Effekt, dass Menschen an Mangelernährung sterben, während man ihnen den Überfluss ansieht.

3. Gartenplanung – federleicht

„Der Blick zum Nachbarn"

Die Vorgärten mancher Wohngebiete machen mich traurig. Kies und Häckselgut dominieren. Das macht deutlich, dass der Garten für die Besitzer eher eine Last als eine Freude ist.
In diesen Vorgärten fühlen sich auch keine Vögel und Kleintiere wohl. Doch was ist die Alternative dazu?

Für einen Gartenneuling empfehle ich immer den Blick zum Nachbarn. Was beim Nachbarn gut wächst und mir gut gefällt, hat große Chancen, auch bei mir gut zu gedeihen.

Das Wichtigste bei der Planung ist: Sich nicht zu viel vorzunehmen! Ich gestalte einmal hier ein paar Quadratmeter und dort einmal eine Ergänzungspflanzung. Denn Gartenprojekte müssen zeitlich schaffbar sein. Auch Kleintiere sollten etwas Zeit haben, sich einen neuen Unterschlupf zu suchen. Außerdem plane ich mir Ruhepausen ein. Nichts ist zeitraubender, als zwischendurch zum Chiropraktiker gehen zu müssen.
Ist ein Projekt dann zufriedenstellend abgeschlossen, genieße ich und nehme mir die Freude darüber, in die Planung zu etwas Neuem.
Zu Beginn grenze ich die Stelle ein, wo ich etwas Neues pflanzen möchte. Das ist wichtig, damit ich nicht von einem Projekt ins andere komme. Das steckt auch schon mal fest, dass ich auch „fertig“ werde.
Vorweg ist zu klären: Wo ist Sonne, und wo ist Schatten zur Mittagszeit? Wo steht eine windempfindliche Pflanze geschützt? Wie viel Platz braucht sie, wenn sie ausgewachsen ist? Eine gute Idee ist, eine Solitärpflanze einzuplanen, die den Blick auf sich zieht. Als Nächstes wähle ich Stauden, die mir gefallen. Dann muss ich eigentlich nur noch beachten, ob sie Sonne oder Schatten vertragen und wie viel Platz sie benötigen. Auch ist es schön, zu jeder Jahreszeit etwas Blühendes dabei zu haben. Auffüllen kann ich das Beet für die ersten Jahre mit einjährigen gesäten Blumen und Kräutern.
Auch Zwiebelblüher sind gute Platzhalter im Beet. Sie können, wenn die gewünschten Pflanzen ihre Größe erreicht haben, im Herbst gut umgesetzt

werden. Hierfür findet sich immer ein Platz. Wenn nicht, setze ich sie an den Wegesrand.
Ich verzichte auf den Kauf von Primeln, Stiefmütterchen und anderen im Topf angebotenen einjährigen Blumen. Das spart Zeit und Geld. So sehr sie einen oft auch ansprechen, die Freude an ihnen ist leider auf wenige Wochen begrenzt.

4. Pflanzen – federleicht

Federleicht pflanzen heißt: Gut vorbereitet, ist halb gepflanzt!

Wie gehe ich vor...

- wenn ich ein Beet im Garten neu anlegen möchte?
- wenn ein Baum gepflanzt wird?
- wenn eine Pflanze einen neuen Platz erhalten soll?

Schritt 1:

Wenn ich weiß, was ich pflanzen möchte, bereite ich den Boden vor.

Das heißt:
Ich lockere ihn circa zehn Zentimeter tief und entferne das Beikraut. Die neu zu setzenden Pflanzen besorge ich in einer Gärtnerei. Dabei achte ich darauf, dass meine Pflanzen dort längere Zeit gestanden haben, bestenfalls dort gezogen worden sind.

Pflanzen werden nämlich durch häufiges Umsetzen und Transportieren geschwächt. Sie haben sich immer wieder auf neue Bedingungen wie Licht, Wärme und Nahrung einzustellen. Unsere Natur mag Beständigkeit, die gesundes Wachstum zur Folge hat. Ich wähle für alle Pflanzarbeiten beim Mondstand den Jungfrauentag. Ausprobieren lohnt sich! Alternative Termine können leicht im Mondkalender ersehen werden.
Das Pflanzloch, das ich (nach dem Vorbereiten der gesamten Fläche) mit dem Spaten aushebe, sollte etwa doppelt so groß sein wie der Wurzelballen. So habe ich die Erde rund um die Wurzeln gelockert. Dann wässere ich das Loch großzügig mit dem Gartenschlauch (bei starker Trockenheit ein paar Tage wiederholen, dann aber komplett auf das Gießen verzichten).
Wenn das Wasser versickert ist, fülle ich ein wenig organischen Dünger/Mulch ein, der gleichzeitig auch als Drainageschicht wirkt. Bei sehr trockenheitsliebenden Pflanzen streue ich noch etwas Sand mit hinein.

Schritt 2:

Nun befülle ich das Pflanzloch mit Erde und setze den Wurzelballen ein. Um ein Umwehen der Pflanzen zu vermeiden, drücke ich die Erde rund um den Setzling fest. Bei Sträuchern und Bäumen trete ich die Baumscheibe mit den Füßen. Schon ist die Pflanzung erledigt.
Besonders wichtig ist es, die Pflanze so in das Loch zu setzen, wie sie in der Baumschule gestanden hat. Das kann man an den gut ausgebildeten Trieben sehen, die sich der Mittagssonne entgegenstrecken. Ich achte darauf (beson-

ders bei wurzelnackten Pflanzen), dass die Wurzel kein Licht abbekommt. Meistens steckt die Wurzel in einem schwarzen Plastiktopf, wurzelnackte Pflanzen decke ich mit Jutesäcken oder ähnlichem zu.
Meine Setzlinge lasse ich nie in der Mittagssonne draußen ungeschützt liegen. Haben alle Pflanzen den gewünschten Platz erhalten, fülle ich das Beet noch mit Kräutern und einjährigen Blumen oder Zwiebeln auf. Die ideale Pflanzzeit ist der Herbst. Da die Pflanzen eine Größe haben, so das ich mir das zukünftige Beet besser vorstellen kann.

Schritt 3

Zu guter Letzt glätte ich das Beet noch mit einem Rechen. Dann decke ich das „fertige Beet" noch mit circa sechs bis sieben Litern organischem Material pro Quadratmeter ab. Als Regenwurmfutter sozusagen. Warum?
Das erkläre ich in einem weiteren Kapitel.

5. Bodenschutz durch Abdecken – federleicht

Der Regenwurm und die Menschen - alles hat eine Verbindung. Der Regenwurm ist historisch betrachtet eine Reaktion der Natur auf den Ackerbau des Menschen. Bis zu Beginn dieser Zeitepoche gab es ihn noch nicht, oder zumindest nicht in dieser Masse. Er hat die Funktion, den Boden in jeglicher Form zu reaktivieren. Pflügen oder graben wir die Erde um, so ist das für alles, was in ihr lebt, ein Katastrophenfall. Es muss schnellstmöglich ein Schutz her, um die Erde vor Austrocknung, Erosion oder Verschlämmung zu verteidigen. Schnell siedelt sich Unkraut an.
Um diesen Effekt etwas abzumildern, streuen wir beim federleichten Gärtnern den Boden mit organischem Material ab. Da nun etwas Bedeckung da ist, wächst in Folge weniger Unkraut. Auch ist eine Gründüngung oder eine sofortige Pflanzung mit Bodendeckern sehr zu empfehlen. Auch hier streue ich zwischen die Jungpflanzen Organik.

Fünf bis sieben Liter pro Quadratmeter reichen aus. Mehr ist nicht nötig, um den Unkrautdruck zu mildern. Die Praxis, Schredder (Holzhäcksel) 10-15 Zentimeter dick aufzutragen, ist grundlegend falsch. Hier kommt es nicht mehr zum Luftaustausch zwischen Boden und Atmosphäre. Es entsteht Schimmel und Pilze wachsen. Das Regenwasser staut sich. Vögel und Kleintiere können im Boden keine Nahrung finden. Alle Bodenlebewesen ziehen sich in tiefere Erdschichten zurück.

Die Holzhäcksel werden von den verbliebenen Organismen zersetzt und hierfür werden Nährstoffe des Bodens verbraucht. Kies als Alternative ist kaum besser. Oft wird hier sogar noch Vlies unter der Kiesschicht eingebaut. Auch hier kann kein Nährstoffkreislauf mehr stattfinden, unsere Pflanzen werden geschwächt. Selbst gutgemeinte Düngung und regelmäßiges Gießen machen es nicht besser. Es fehlen die Bodenorganismen, die den Dünger pflanzenverfügbar machen. Wasser fließt mangels Bodenstruktur zu schnell in die Kanalisation und kann sich für trockene Zeiten nicht im Boden bevorraten.

Dies möchte ich am Beispiel des Regenwurms erklären. Der Regenwurm gräbt seine Wohnröhren zwei bis drei Meter tief. Hier lebt er und verstoffwechselt als Allesfresser Laub, tote Kleinstlebewesen, Gras. Für diesen Prozess bevorratet er mit seinem Speichel benetzte Nahrung in seinen Wohnröhren und belüftet so den Boden. Am Ende des Vorgangs entsteht wunderbarer Wurmhumus. Hier sind die Nährstoffe sehr stark konzentriert und - besonders wichtig - von der Pflanze aufnehmbar.
Organischer Dünger wird vom Regenwurm bevorzugt. Seine Wohnröhren haben den Effekt, dass Regenwasser sich besser im Boden verteilt und somit langsamer versickert. Grundwasser kann sich besser im Boden festsetzen und steht bei trockenem Wetter den Pflanzen wieder zur Verfügung. In den Städten sind viele Flächen versiegelt. So kann der Boden das Regenwasser nicht aufnehmen und alles fließt in die Kanalisation. Bäume in der Stadt haben kaum Möglichkeiten, ihre Wurzeln auszubreiten. Sie wachsen nur auf dem ihnen zugedachten Platz. Oft werden ihre Äste stark beschnitten, um mehr

Eine gesunde und lebendige Humusschicht ist bei dem federleichten Gärtnern das Ziel.

Licht in die Wohnungen zu lassen. Das ist fatal für die Bäume, da gleichzeitig die Wurzeln geschädigt werden. (näher beschrieben im Januar- unter dem Thema Gehölzschnitt).
Sie werden dann oft aus Sicherheitsgründen nach 20 - 30 Jahren gefällt.
Das ist auch für uns Menschen eine schlimme Entwicklung. Bäume tragen dazu bei, die Umgebungstemperatur abzusenken. Dazu müssen sie aber ihre Baumkrone ausbilden können und auch ein höheres Lebensalter erreichen. Das Laub der Straßenbäume wird entfernt. Nährstoffe fehlen. Durch den fehlenden Laubhumus fehlt organischer Dünger, der auch nicht ersetzt wird. Die Bäume verhungern oder verdursten. Der Klimawandel macht die Situation der Bäume nicht besser. Bei der Städteplanung und Grünpflege sollte den Bäumen mehr Aufmerksamkeit geschenkt werden, nicht zuletzt im eigenen Interesse.

Humus, Sand oder Lehm? Die Bodenarten sind sehr verschieden. Doch der alles entscheidende Faktor, ob unsere Pflanzen wachsen wollen oder nicht, das ist nicht die Bodenart.
Das Wichtigste ist, dass sich in den obersten Zentimetern des Bodens die Bodenorganismen wohlfühlen. Also eine lebendige Humusschicht haben.

6. Gartenhelfer – federleicht

Klein – Geräte:

Von links: Handschaufel, Gartenschere, Mini-Sauzahn, Pflanzhilfe für Blumenzwiebeln, ein „Unkraut“-Stecher für tiefgründiges Entfernen von Pfahlwurzeln, der Pflanzlochstecher fürs leichtere Pflanzen von Setzlingen.
Es gibt noch eine Harke zum gleichmäßigen Verteilen der Erde und Eindrücken der Saatreihen und einen dreizinkigen Grubber zum Lockern der Erde nach einem Regenguss (ohne Bild) Eine Schubkarre ist ebenso unverzichtbar.

Diese Geräte bewahre ich in einem mit Sand gefüllten Kübel auf. Hier habe ich immer im Blick, wenn etwas fehlt. Es ist immer „ordentlich“ und durch den trockenen Sand können sie nicht rosten. Der Kübel steht auf einem Gartentisch in der Scheune, so brauche ich mich nicht danach zu bücken und habe alles stets schnell griffbereit.

Spaten:

Der Spaten ist in meinem Garten nur für die Pflanzung da. Hier verwende ich einen langen und schmalen, wodurch ich eine gute Hebelwirkung habe.
Ich bearbeite zwar nicht so viel Fläche auf einmal, komme aber tiefer und habe es somit auch leichter, die Grassoden abzustechen, da sie nicht so üppig ausfallen. An diesem Spaten habe ich mir eine kleine Trittplatte anschweißen lassen (siehe Bild). Dies hat den Vorteil, dass ich mit dem Fuß nachhelfen kann und so tiefer in die Erde stechen kann. Ich brauche damit keine Kraft aus dem Rücken heraus. Für Rechtshänder (Rechtsfüßer) auf der rechten Seite und für Linkshänder (Linksfüßer) auf der linken. Leider war mein Auftrag wohl nicht eindeutig genug, so habe ich die Trittplatte auf der linken Seite, obwohl ich Rechtshänder bin. Geht aber auch. Weitere Grabearbeit gibt es in meinem Garten nicht.

Sauzahn:

Da ich die Bodenschichten für einen guten Boden erhalten möchte (siehe Kapitel 5), verwende ich zum tiefgründigen Lockern ausschließlich den Sauzahn.

Er ist zu meinem Lieblingsgerät geworden. Leicht zieht man ihn, selbst durch enge Pflanzenreihen, durch. Dadurch wird das Bodenlockern zum Kinderspiel. Ich habe mir einen aus Kupfer angeschafft. An Kupfer haftet die Erde nicht so an. Kupfer rostet nicht. In der Anschaffung ist er etwas teurer. Doch durch die Eigenschaften, die dieses Material bietet, habe ich ein Modell, das ich noch an die nächste Generation weitergeben kann. Lediglich der Holzstiel (unbehandelt) müsste wohl irgendwann ausgetauscht werden.

Grabegabel:

Zu guter Letzt, gibt es noch die Grabe Gabel. Sie ist ideal, um den Gartenboden zwischen den Flachwurzlern zu lockern, insbesondere bei steinigen Böden, wo mir der Sauzahn nicht weiterhilft. Ebenso gut ist sie geeignet, um Kompost umzusetzen sowie Wurzelgemüse oder Kartoffeln zu ernten.

7. Garten pflegen - federleicht

Ich beachte beim federleichten Gärtnern, was die Natur mir sagt. Wächst zum Beispiel am Fuß einer Weinrebe (wie auf dem Bild) eine Distel, hat das einen Grund.
Die Distel und der Wein sind eine Symbiose eingegangen. Der Wein braucht eine Beschattung für seinen unteren Wurzelstamm. Pralle Sonne verträgt er dort nicht. Gefällt mir das als Mensch nicht und entferne ich das Kraut, sollte ich der Rebe einen anderen Bewuchs anbieten oder mulchen.
Ansonsten hat es die Rebe schwer, gesund zu bleiben. Sie wird krank und bildet in Folge weniger Trauben aus. Dafür braucht es keine Experten oder Gartenbücher. Die Natur sagt uns, wie es ihr gefällt.

Viele Pflanzen wachsen, wenn ich einen unbedeckten Boden habe, besonders gut. Das beobachte ich und wenn sie mir gefallen und nicht zu sehr wuchern, sind sie ein Bestandteil meines Beetes. Mit viel Mühe müsste ich sonst Gartenecken rekultivieren, wo diese Pflanzen dann meine „Unkräuter" wären. So sind zum Beispiel Gundermann und die Scheinerdbeere meine Lieblings Bodendecker geworden.
Sie wachsen dicht und es kommt kein weiteres Kraut zum Vorschein. Jeder Boden hat so seine Lieblingskräuter. Reißt nur das „Zuviel" heraus. Ich habe auch Brennnesselstauden bei mir im Garten. Die möchte ich aber nicht in den Staudenrabatten haben. Sie würden auf unserem nahrhaften Boden sonst alle anderen Pflanzen verdrängen. Beobachtet, was bei euch wachsen will und findet bestenfalls Gefallen daran.

Efeu als Bodendecker

Ebenso ist Geduld gefragt. Oft habe ich etwas gesät und es braucht länger zu keimen, da die Wachstumsbedingungen noch nicht optimal waren. Dann wird dann eine Saat erneuert, obwohl die alte noch eine Chance hätte, würde man ihr mehr Zeit lassen. Selbst von Schnecken abgefressene Bohnen können sich von dem Fraß erholen und neue Blätter ausbilden.
Im Unterholz wächst bei uns im Garten eine Unmenge von Wiesenkerbel. Es wäre viel Arbeit, dort andere Pflanzen zu kultivieren, die mir besser gefallen. So habe ich mich damit abgefunden und erfreue mich an dem Blütenmeer, das leider schon im Juli verblüht ist. Die Stängel bleiben stehen und sind Wohnstube und Nahrungsquelle von unzähligen Kleintieren. Hier ist mein Insektenhotel!

8. Ernährung - federleicht

Hildegard von Bingen (1098-1179) war im Mittelalter eine bekannte Äbtissin. Adelig geboren, wurde sie als zehntes Kind in die Obhut eines Klosters gegeben. Das ermöglichte ihr, Wissen zu erlesen und praktisch weiterzuentwickeln, was sonst in dieser Zeit der Mehrheit der Bevölkerung vorenthalten blieb.
Ihre Werke in der Heilkunde, Dichtung und Medizin sind aus dieser Zeit überliefert. Hildegard von Bingen hat schon im Mittelalter eine Ernährungsform gelebt, die wir heute Intervallfasten nennen. Wahrscheinlich eine damals übliche Lebensweise. Doch das Wissen unserer Vorfahren ist in Vergessenheit geraten.
Sie war der Ansicht, dass nur kranke Leute frühstücken sollten, da der Körper eine Verdauungspause von 13-17 Stunden braucht. Heute ist die Meinung weit verbreitet, dass man das Haus nicht ohne Frühstück verlassen sollte. Eine natürliche Empfindung Vieler, morgens noch keinen Hunger zu haben, wird schon Kindern abtrainiert - mit fatalen Folgen.
Das Frühstück sollte nicht direkt aus dem Kühlschrank stammen. Der Körper verträgt alle Nahrungsmittel besser lauwarm. Dünsten ist eine gute, nährstoffschonende Zubereitungsart. Essen wir möglichst unverarbeitete Lebensmittel, frisch zubereitet, so haben wir günstige Voraussetzungen, um gesund zu bleiben oder es zu werden.

Je mehr Vertrauen der Körper entwickelt, gute Nährstoffe zu erhalten, umso mehr spüren wir wieder, was gut für uns ist. Langsam essen mit Pausen ersetzt jede Diät. Was gut ist für jeden Einzelnen, ist sehr verschieden.
Zu einer gesunden Ernährung gehört auch die Seele. Das Berufsleben und die Freizeit haben sich sehr verändert. Der körperliche und seelische Ausgleich zu unserer oft stark einseitig belasteten Arbeitswelt fehlt häufig.
Nach einem Acht-Stunden-Tag und der Familienarbeit führt oft der direkte Weg nur noch auf die Couch. Zusätzlich machen die gesellschaftlich veränderten Lebensverhältnisse (die von der Arbeit strikt getrennte Familie, Patchworkfamilien, Alleinstehende) die Situation nicht einfacher. Es gehört viel Willensstärke dazu, dem entgegenzusteuern.

Beginnend mit dem Neumond nehme ich mir eine kleine Sache vor, die ich erreichen möchte.

Zum Beispiel: Jeden Tag eine halbe Stunde spazieren zu gehen. Das mache ich bis zum nächsten Neumond.

Dann merke ich, was mir fehlt, wenn ich es nicht tue. Und schon habe ich den inneren Teufelskreis durchbrochen. Das kann ich mit Vielem machen: Süßigkeiten, Salziges, Zigaretten weglassen etc.

9. Das federleichte Gärtnern – im Jahresverlauf

Ich habe die Tätigkeiten im Garten nach Monaten gegliedert. Dabei steht jedes Kapitel für sich. Jeder Monat ist eine andere Inspiration, in jedem ist etwas anderes „dran“.
So ist der Einstieg in das spannende Thema „federleichtes Gärtnern“ jederzeit möglich. (Die Monate können sich je nach Witterung verschieben.)

Nicht jedes Jahr
Nicht jeder Garten
Nicht jeder Gärtner ist gleich.

So ist unser Tun nicht allein ausschlaggebend für das Ergebnis.

Ohne Erwartungsdruck die Natur sanft lenken.

Es macht Freude, den Garten zu beobachten, wie er sich im Laufe des Jahres und im Laufe der Jahre immer wieder verändert.

JEDER GARTEN, DER MIT LIEBE GESTALTET WIRD, IST SCHÖN.

„ES IRRT DER MENSCH, SOLANG ER STREBT."

JOHANN WOLFGANG VON GOETHE

Januar- Die Natur erwacht

Jahresbeginn, Vorfrühling. Die Schneeglöckchen und andere Frühblüher stehen schon in den Startlöchern. Weidekätzchen und früh im Jahr blühende Sträucher sorgen schon für erste Nahrung. Die Tage werden länger und mit jedem Tag gibt es mehr Licht. Die Natur erwacht langsam zum Leben.

„Und jedem Anfang wohnt ein Zauber inne, der uns beschützt und hilft zu leben."

Hermann Hesse

Gehölzschnitt

Der Gehölzschnitt ist ein Eingriff in die Natur, der wohlüberlegt sein sollte. Als ich unseren großen Obstgarten übernahm, waren die Bäume jedes Jahr stark beschnitten

worden. Nur die Hochstammbäume waren ausgelassen worden, da sie bereits eine Höhe hatten, in der der Schnitt nur von einer hohen Leiter möglich gewesen wäre.

In unseren Anfangsjahren hier auf dem Hof fällten wir einige Bäume, die krank waren und die kein schönes Obst hatten. Es waren alles Bäume, die 20-30 Jahre alt waren. Das brachte mich zum Nachdenken. Unsere fast 100-jährigen Obstbäume waren voller Obst, wie war das möglich?

Lag es an der Sortenwahl, waren die alten Sorten besser?

Angelegt hatte den Apfelgarten ein Großonkel meines Mannes, der den Hof vor circa 100 Jahren gekauft hatte. Sie waren wohl nie beschnitten worden. Ich nehme an, dass die jüngeren Bäume durch die jährlichen Schnittmaßnahmen verletzt worden waren, so dass Krankheitserreger in die Bäume eindringen konnten. In den Obstplantagen wird das so gemacht, weil der Konsument große, gleichmäßige Äpfel bevorzugt. Sie lassen sich auch besser verpacken, wenn sie einer Norm entsprechen. Gut beschnittene Bäume lassen das Licht gleichmäßig auf die Äpfel, so dass sie gleiche Wachstumsbedingungen haben. Ein Übriges an Gleichmäßigkeit bringt auch wohl die Züchtung.

In den Supermärkten findet sich nur noch süßliches Obst, da der Geschmack

der Käufer sich im Laufe der Zeit auf Süßes verändert hat. Doch für mich, in meinem Garten, kann ich andere Prioritäten setzen.
Lasst euch in einer Baumschule beraten, welche Sorte für euren Standort günstig ist. Probiert das Obst, welches der Baum tragen wird. Es wäre schade um die Mühe, wenn ihr hinterher feststellt, dass das Obst euch nicht schmeckt.
Ich habe einen Boskop-Baum, den ich (dafür lasse ich mir auch gerne helfen) jetzt auch noch nach 20 Jahren beschneide. Die Reiser wachsen auch nach 20 Jahren noch so stark, dass ich sie nicht einfach wachsen lassen kann. Der Baum würde zu starke Triebe nach oben ausbilden. Die Früchte des Boskops sind riesengroß und machen mir im Winter durch die super Lagerfähigkeit viel Freude.
Doch ich fürchte, dass der Baum das Massenwachstum nicht 100 Jahre durchhalten wird. Beim Schneiden versuche ich, mir die Natur des Baumes ganzheitlich vorzustellen. Die Krone des Baumes, gespiegelt in der Erde, das ist ungefähr das Wurzelwerk. Die Wurzeln sind ausschlaggebend für die Nährstoffversorgung. Beschneide ich oben den Baum, so schade ich mit jedem weggenommenen Ast auch unten den Wurzeln. Sie werden schwächer ausgebildet, da sie den Teil oben nicht mehr versorgen müssen.
Das wird oft nicht beachtet. So verlieren viele Bäume schon in jüngeren Jahren ihre Standfestigkeit. Dennoch schneide ich morsche Äste ab, da sie ohnehin abfallen würden. Dann würden sie den Baum schädigen oder die Bepflanzung darunter.
Den Januar nutze ich zur Baumkontrolle und hier und da helfe ich mit der Schere oder Säge der Natur ein wenig nach.

Bäume vor der Wintersonne schützen

Im Januar gibt es oft Sonne in Kombination mit niedrigen Temperaturen. Dies führt dazu, dass die Bäume starken Temperaturunterschieden ausgesetzt sind. Kommt dann noch Schnee hinzu, spiegelt dieser die Sonne. Der starke

Lichteinfall trocknet die Baumrinde aus. An einem anderen Tag wird sie weich von der Witterung. Dieser ständige Wechsel löst sie vom Stamm. Schließlich reißt die Baumrinde ein und der Stamm kann den Baum nicht mehr so gut vor Krankheitserregern schützen. Pilze wachsen. Kleintiere suchen Schutz in den Hohlräumen und schädigen den Baum zusätzlich.
Dem kann ich vorbeugen, indem ich die Stämme meiner jungen Bäume mit weißem Kalk streiche. Und zwar auf der Seite, die der Mittagssonne zugewandt ist, von unten bis in etwa einen Meter hoch.

Es gibt im Handel fertige Mischungen für diesen Anstrich, denen nur noch Wasser zugesetzt wird. Dieser lässt sich gut verwenden und reicht für mehrere Jahre. Wer lieber selbst eine Mischung anlegen möchte, für den gibt es gute Vorschläge für eine Rezeptur im Internet.
Ein weiterer Vorteil ist, dass ich auch im Winter meine Bäume anschaue und auf Wildschäden kontrolliere. Da ich ländlich wohne, kommen die Rehe in unseren Garten und reiben ihr Gehörn an meinen jungen Bäumen. Die Rinde, die beschädigt ist, bekommt von mir - nachdem der Anstrich getrocknet ist - einen Rindenschutz angelegt. Dieser legt sich spiralförmig um den Baum. Im Frühjahr, sobald die „Fege“-Zeit der Rehe zu Ende ist, entferne ich sie wieder und lege sie für den nächsten Winter weg. Wundschutzmittel, wie sie im Fachmarkt zu kaufen sind, verwende ich nicht, da sich unter der Schicht aufgetragener Wundschutzmittel Pilze und Bakterien vermehren können.
Sie sind allenfalls Kosmetik, die den Bäumen nichts nützt. Ich weiße nur meine Obstbäume, da wir hier an der Küste meist nur sehr milde Winter haben.

„Schau dir die Natur an,
und du wirst alles verstehen.“

Albert Einstein

Februar - Neuaustrieb

Der Anfang besteht in einem kleinen Samen. Wir nehmen den Samen oft erst wahr, wenn er sich zur Pflanze entwickelt hat. Doch es lohnt sich, genauer hinzusehen.

Sprossenzucht

Die Zeit, in der die Blätter vom Baum gefallen sind und ich nichts Grünes mehr ernten kann, fülle ich in der Küche mit der Zucht beziehungsweise Aufzucht von Sprossen. Je nach Sortenwahl und je nachdem, zu welchem Zeitpunkt ich sie ernten möchte, schmecken sie mal süßlicher oder herber.
Sie ersetzen so manches Gewürz und bringen viele Vitamine und Mineralstoffe in unseren Speiseplan. Im Grunde hat man so eine Frühjahrsernte und das das ganze Jahr über. Auch die ersten Triebe im Frühjahr, die aus der Erde sprießen, sind gehaltvoll. Jeder Samen besitzt einen Keimling. Nachdem er Feuchtigkeit, Licht und Wärme ausgesetzt ist, beginnt er zu keimen.
Ab dem Zeitpunkt, an dem er Blätter ausbildet, nennt man den Keimling Spross.
Ich esse gerne Sprossen, da die Blätter viel Chlorophyll haben und mir so manches Gericht auch optisch aufpeppen. Kurzgebraten, einer Gemüsepfanne beigemischt oder in Aufläufen, Wraps oder für das Müsli, sind sie einsetzbar. Der Fantasie sind keine Grenzen gesetzt.
Erste Versuche können in einer Auflaufform mit angefeuchtetem Küchenpa-

pier (oder ähnliches) als Keimstube für Sprossen durchgeführt werden. Aber hygienischer und praktischer sind Keimgeräte, die einen Wasserablauf haben. Es ist wichtig, dass das Spülwasser komplett abfließt und nur noch eine Restfeuchte die Keimlinge sprießen lässt. So ist die Gefahr, dass Schimmel entsteht, gering.
Die Keimlinge und Sprossen werden jeden Tag gespült und auf die Fensterbank zum Keimen gestellt. Dieser Vorgang dauert je nach Sorte 4-8 Tage.
Ich esse die meisten, sobald der Spross einen Keim von circa einem Zentimeter Länge ausgebildet hat. Bei der Sprossenzucht ist Hygiene wichtig. Die Ansaat sollte man nicht mit den Fingern anfassen. Alle erntereifen Sprossen nur mit einer Gabel oder einem Löffel entnehmen. Gespült wird ausschließlich mit kaltem Wasser, hier gehe ich kurz mit der Gabel durch, damit die Keimlinge nicht aufeinander kleben bleiben und die Sprossen rundum gespült werden. Haben die Sprossen die richtige Größe erreicht und esse ich sie nicht sofort, gebe ich sie in den Kühlschrank. Dort wachsen sie nicht weiter und ich kann sie innerhalb von 2-3 Tagen verwenden. Ist doch mal etwas daneben gelaufen und sie sind schimmelig, erkenne ich das am Geruch.
Diese Partie ist im Ganzen zu entsorgen. Mit der zunehmenden Routine kommt das aber nicht mehr oft vor. Meine Lieblingssorten sind Mungobohnen, Alfalfa, Belugalinsen oder auch Mischungen von verschiedenen Samen. Es gibt sie im Reformhaus und in gut sortierten Bioläden.
Es macht Spaß, damit zu experimentieren und die Zucht ist wirklich federleicht.

Sprossen

sollten allerdings weniger roh, sondern gekocht oder gebraten gegessen werden.
Sie enthalten Bitterstoffe, die vermeiden sollen, dass der Keimling „gefressen“ wird, da die Pflanze ja das Ziel hat, sich zu vermehren. Sie sind nicht giftig, aber in großen Mengen kann der Einzelne eventuell empfindlich darauf reagieren. Nichtsdestotrotz schmecken sie super und enthalten viele Nährstoffe.
Sie machen gute Laune – als Topping des Winters.

Rückschnitt der Stauden

Sobald sich bei meinen Stauden das Grün des Neuaustriebs zeigt, schneide ich verwelktes vom Vorjahr ab. Das ist zeitlich, je nach Witterung, verschieden.
Das Schnittgut bringe ich auf meiner Benjes-Hecke aus, wo es noch Kleintieren Schutz oder Nahrung bringt. Eine Benjeshecke besteht aus Totholz und Schnittgut aus dem Garten. (Näher beschrieben im Monat November).

„Wer vergisst,
wie man die Erde beackert und
das Feld bestellt,
vergisst sich selbst."

Mahatma Ghandi

März - Die erste Saat

Es ist oft noch ungemütlich draußen, aber die Tage sind manchmal schon warm und kündigen den Frühling an. Es zeigt sich das erste Grün im Acker und auf dem Pflaster.

Bodenvorbereitung für die Gemüsesaat

An einem warmen Frühlingstag reche ich die Gründüngung zusammen und bringe sie auf den Kompost. Dann lockere ich den Boden mit einem Sauzahn. Dieser lockert nur die oberste Humusschicht.

Saatguteinkauf

Im März/April plane ich, was ich säen möchte. Auch kaufe ich jetzt schon das Saatgut hierfür ein. Das hat den Vorteil, dass ich noch eine große Auswahl habe und ich mich nicht mit anderen Gartenfreunden um Restbestände zanken muss. Ich kaufe das Saatgut in grünen Läden und Raiffeisenmärkten oder Gärtnereien. Hier gibt es eine gute Auswahl und auch die Packungseinheiten sind oft größer.

Die erste Saat im Gemüsebeet

Zu Beginn der Wachstumszeit säe ich an Blatttagen Spinat, Mangold, Feldsalat. Dieses Gemüse ist relativ frostverträglich und keimt auch bei geringeren Temperaturen. Ich verteile die Pflänzchen reihenweise in meinem Gemüseacker, um später andere Sorten dazwischen säen zu können.
So kann ich eine Mischkultur herstellen. Es gibt bestimmte Pflanzen, die sich mögen. Und andererseits gibt es auch welche, die nicht nebeneinanderstehen möchten. Dazu gibt es viele Fachartikel.
Das ist mir zu kompliziert. Ich habe festgestellt, dass ich, wenn ich Pflanzen mit Wurzeln oder Knollen neben Gemüse setze, von dem ich die Blätter beziehungsweise die oberirdischen Früchte ernte, die besten Ernteerfolge habe. Säe oder pflanze ich nach diesem Prinzip, habe ich am wenigsten Konkurrenz in der Erde oder auf dem Beet, da die Pflanzen sich nicht im Wachstum behindern.
Wenn ich Gemüsesorten in der Küche entsprechend kombiniere, sind sie besser bekömmlich. Das Gemüse, das nach unten wächst wie Wurzeln, Rote Beete oder Kartoffeln, kombiniere oder koche ich in einem Gericht zusammen mit dem, was nach oben wächst (Kohl, Bohnen und so weiter)

Zweijährige essbare Pflanzen und Kräuter

Im Frühjahr bildet das zweijährige Kraut (Mangold, Petersilie) schon die ersten Blätter. Diese brauche ich in diesem Jahr nur zu ernten.
In den warmen Nächten des Monats Juni säe ich dann für das nächste Jahr.

Mehrjährige essbare Pflanzen und Kräuter

Es gibt mehrjährige Sorten, die meiner Meinung nach in keinem Garten fehlen dürfen. Bärlauch unter Sträuchern im Schatten einmal gesetzt, kann jedes Jahr geerntet werden. Das ist so ziemlich das erste Grün. Zu Pesto weiterverarbeitet, peppt es so manches Gericht in meiner Küche auf.
Dann gibt es noch die Winterheckenzwiebel, die ich nur zu schneiden brauche, um stets frisches Grün für Aufläufe und Gemüsepfannen zu haben.
Kräuter wie Majoran, Rosmarin und Thymian kommen jedes Jahr aufs Neue wieder zum Vorschein. Und sie sind ebenfalls in der Küche gut zu gebrauchen. Außer, dass ich sie zurückschneide, möglichst vor der Blüte, sind keinerlei Pflegemaßnahmen nötig.

April – Bedachte Zurückhaltung

Im April ist es oft schon warm und es reizt uns, im Garten loszulegen. Ich halte mich zurück in meinem Tun, da es bis Mitte Mai noch Nachtfröste geben kann.

> „Die Natur widersetzt sich allem Übermaß."
>
> Hippokrates (griechischer Arzt)

Setzlinge vorziehen?

Alle Pflanzen, die ausgesät werden, ob im Blumengarten oder Gemüsebeet, wachsen dort am besten, wo sie ihren Platz behalten dürfen.
Sie werden größer und sind widerstandsfähiger.

Gemüse vorziehen

Wärmeliebende Pflanzen können bereits in Schalen ausgesät vorgezogen werden. Hier ist nährstoffarme Erde wichtig, damit die Triebe nicht zu schnell loswachsen. Und umso widerstandsfähiger gegenüber den Umwelteinflüssen beim Rauspflanzen sind sie. Auf der Fensterbank im Wohnzimmer ist es zu warm. Ich nutze ein Dachfenster im Flur. Der Lichteinfluss kommt von oben, die kleinen Pflanzen wachsen der Sonne entgegen. Ich ziehe nur Kürbis, Zucchini, Gurken und Tomaten vor, da sonst die Kultur zu lange brauchen würde. Alles andere säe ich direkt ins Beet.

Ab Mitte April ist die richtige Zeit dafür. Pflanze ich sie schließlich ins Beet, gieße ich sie einmal mit lauwarmem Regenwasser an. Dabei achte ich darauf, dass ich die Pflanzen nicht von oben begieße, sondern kreisrund um den kleinen Wurzelballen. Das vermeidet einen Schock. Die Setzlinge sollten nicht tiefer eingesetzt werden, als sie im Topf gestanden haben. Dann schaue ich ein paar Tage nicht hin, da die Pflanzen mitleiderregend aussehen. Die meisten Setzlinge werden es schaffen. Auch hier nutze ich meinen Mondkalender. Weiteres Gießen würde die Setzlinge schwächen.

Aussaaterde

Als Aussaaterde eignet sich hervorragend Gartenerde aus Maulwurfshügeln. Ich trage sie im Winter ab und lagere sie auf meinem Laubkompost zwischen.

So habe ich im Frühjahr feinkrümelige Gartenerde, die nahezu frei ist von Unkrautsamen.
Hier bediene ich mich auch, wenn ich für die Terrasse oder für die Zimmerpflanzen neue Erde brauche. Die alte kommt auf den Kompost für einen neuen Start des Kreislaufes.
Ich kaufe keine Gartenerde, keinen Torf und keinen künstlichen Dünger.
Torfabbau ist klimaschädlich. Große Mengen werden zu Blumenerde verarbeitet. Da Torf nahezu keine Nährstoffe hat, ist er ideal, um Blumenerde her-

zustellen, die anderen „Zutaten“ müssen nur noch beigemischt werden. In Deutschland ist der Torfabbau bereits weniger geworden. So wird der Torf aus dem Baltikum importiert.
Nicht nur aus Umweltschutzgründen sollte ich auf Zukauf verzichten. Ich tue mir mit fremder Erde und hinzugekauftem Kompost keinen Gefallen. Sie können Schneckeneier und Unkrautsamen enthalten. Zudem belastet es meinen Geldbeutel.

Kartoffeln

Kartoffeln, die in meiner Vorratskiste im Frühjahr gekeimt sind, esse ich nicht.

Ich lege sie auf ein altes Backblech. Darauf verteile ich etwas Gartenerde, die ich leicht anfeuchte. Hier sammele ich so nach und nach alle gekeimten Kartoffeln. Mit der Zeit bilden die Kartoffeln Wurzeln aus, um sich an die Erde zu haften. Die Erde halte ich mit einer Sprühpistole feucht.
Mitte Mai kommen sie dann an Ort und Stelle. Kartoffeln wachsen sehr tiefgründig und lockern so den Boden.

Um einen nährstoffarmen Boden zu rekultivieren oder gar beim Neubau einen neuen Garten anlegen, mache ich Folgendes:
An einem Fruchttag bei abnehmendem Mond setze ich Kartoffeln (ca. 5 cm tief) im Abstand von 30-bis 50 cm. Die Erde muss so weit wie möglich krautfrei gemacht und mit Organik abgedeckt werden. Dann ist bis zur Ernte nichts

zu tun. Verfärben sich die Blätter braun, ist die Kartoffel erntereif. Mit einer Grabe-Gabel entnehme ich, vorsichtig je nach Bedarf, die Kartoffeln.
Im Herbst entnehme ich die restlichen Kartoffeln zum Einlagern. Besonders empfehlenswert ist die Pflanzung von Kartoffeln bei Neuanlage eines Gartens. Hier ist oft der Boden durch Bautätigkeit zusammengeschoben und verdichtet. Als letzte Tätigkeit beim Bau wird noch Muttererde angefüllt.
Soll der Garten gleich im ersten Jahr schön aussehen und wird sofort bepflanzt, ist Enttäuschung vorprogrammiert.
Der Boden verschlämmt, die Pflanzen bekommen keine Verbindung mit den Wurzeln zum Unterboden und wachsen spärlich. Bei der Frühjahrs-Trockenheit der letzten Jahre blieb häufig nur die Möglichkeit, den Garten komplett neu anzulegen.
Hier verzagen so manche Häuslebauer und legen Kies- und Schredder-Gärten an. Diese sind nicht zu verteufeln. Gut gemacht sind auch sie eine Bereicherung für die Tierwelt. Doch in unserem Breitengrad passen sie nicht so recht. Häufig bleibt Regenwasser in den Gärten stehen, da das Wasser nicht versickern kann.
Bei Starkregen stehen dann Neubaugebiete komplett unter Wasser.
Das bedeutet, dass bei Trockenheit unsere Pflanzen nicht auf im Boden verbleibendes Wasser zurückgreifen können und vertrocknen.
Die Pflanzung oder Saat von tiefwurzelnden Gewächsen verbindet den Unterboden mit der aufgefahrenen Erde.
Eine gesunde Bodenstruktur braucht Zeit, um zu entstehen.

Mai - Blütenpracht

Der Wonnemonat Mai ist an Schönheit nicht zu übertreffen. Das frische Grün lässt uns teilhaben an dem Zusammenspiel der Natur mit allen Lebewesen.

„Die Natur macht nichts vergeblich."

Aristoteles

Blüten, gefüllte oder ungefüllte

Es gibt Blumen, die sind so gezüchtet worden, dass sie einen großen Blütenkopf ausbilden, der so viele Rosettenblüten entfaltet, dass sie von Bestäuber-Insekten kaum beflogen werden können. Die Züchter von Blumen haben sich darauf eingestellt, möglichst große, volle Blütenköpfe im Beet zu haben.

Das wirkt sich auf die Standfestigkeit, auf die Lebensdauer und auch auf die Fortpflanzungsfähigkeit aus. Edelrosen und gefüllte Dahlien, Sonnenblumen für die Vase gezüchtet, haben kaum Nektar. Die Zucht richtet sich leider danach, was die Verbraucher wollen, weil am meisten daran verdient wird.
Achte ich darauf, dass ich Blumen aussäe, die Samen ausbilden, kann ich jedes Jahr Saatgut sammeln. Oder mich durch die Selbstaussaat im nächsten Jahr auf reichlichen Blütensegen freuen.

Obstblüte

Ein Blütentraum. Jedes Jahr bei mir im Frühling. Ich kann mich gar nicht sattsehen. So schön ist der Kirschbaum bei mir am Fenster. Ich sitze einfach da. Mit einem Glas Wein in der Hand. Unter einem Meer von rosa Blüten. Mache gar nichts und ich wundere mich, dass sich das so ungewohnt anfühlt. Ich wünsche mir, dass öfter zu tun und mich frei zu fühlen von all dem, was man meint tun zu müssen.
Um dem Leben gerecht zu werden und um genügend Geld zu haben, um meinen Lebensunterhalt zu bestreiten. Muss ich dazu reisen? Kann ich mir hier nicht Freiräume schaffen? Arbeit ist Leben.
Im Mai blühen unsere Obstbäume. Neben dem schönen Anblick entscheidet sich jetzt, wie meine Obsternte im Herbst aussieht. Es kommt darauf an, dass möglichst viele Bestäuber-Insekten unterwegs sind und ihre Arbeit tun. Durch das federleichte Gärtnern fördere ich ihren Bestand. Viele von ihnen haben ihre Höhlen im Erdreich. Die genaue Beobachtung zeigt, dass auch die Wühlmausgänge von ihnen als Fremdbehausung beflogen werden.

Die Erde möglichst wenig zu bearbeiten hat den Effekt, dass ich diese Behausung nicht zerstöre und Wildbienen und Hummeln ihre „Arbeit" tun lasse. Wildbienen haben ihre Behausung oft in warmen Steinhaufen. Bei mir nisten sie auf der Südseite unseres Bauernhauses in den Fugen, die eigentlich einer Erneuerung bedürfen.

Es gibt Erdkröten, die in der Nähe von Gartenteichen und Wasserläufen ihre Wohnstätte haben. Ganz nebenbei vertilgen sie unsere gefürchteten Nacktschnecken.

Gibt es zur Obstblüte dazu noch ein paar Sonnentage, steht einer guten Ernte nichts im Wege. Gefährlich für eine gute Ernte ist die Zeit im Mai, wo es noch zu Nachtfrösten kommt. Hier stehen die Obstbauern mitten in der Nacht auf und kontrollieren die Temperatur. Bei Frost wird Wasser vernebelt und auf die Blüten verteilt, so werden sie geschützt und verfrieren nicht so leicht.

Wer in einer frostgefährdeten Region wohnt, der kann ebenso handeln. Doch mit einem Wasserschlauch ist die Blüte gefährdet. Hier ist ein Vernebelungsgerät besser, wie wir es aus der Schädlingsbekämpfung kennen. Hier an der Nordsee gibt es nicht so viele Spätfröste, so brauche ich da nicht zu handeln.

Eisheilige

Die Eisheiligen nennt man die Tage im Mai, an denen es noch zu Nachtfrösten kommen kann. Pflanzen und Säen der frostempfindlichen Pflanzen ist daher erst ab Mitte Mai empfehlenswert. (Erst nach diesen Tagen werden vorgezogene Pflanzen in den Garten gepflanzt.)

Juni - Sonnenlicht

Im Juni ist die Natur vollständig erwacht. Die Bäume haben geblüht und die Ansätze der neuen Frucht sind bereits geboren. Die Tage sind lang. Wir nehmen das Licht mit all unseren Zellen auf. Der Tag hat mit der Sonnenwende die längste Zeitspanne erreicht.

Beachte immer, dass
nichts bleibt, wie
es ist und denke immer daran,
dass die Natur immer wieder ihre
Formen wechselt.

Marc Aurel

Nicht gießen

Warum nicht gießen? Diese Frage möchte ich mit einer Gegenfrage beantworten: Warum sollte ich das tun?
Es wird in Deutschland viel Wasser verbraucht. Trinkwasser in bester Qualität.
Für Haushalt, zur Körperpflege und zum Kochen, für sommerlichen Badespaß und nicht zuletzt zum Gießen von Garten- und Terrassenpflanzen. Das ist in Zeiten des Klimawandels fatal. Eine Entwicklung, die die Menge an neu gebildetem Grundwasser übersteigt.
Da es Gebiete auf der Erde gibt, die mit erheblich weniger Wasser auskommen, ist ein Umdenken hier nötig und nicht schwer.
In der Wüste wachsen Bäume, die sich ihrer Umgebung angepasst haben. Forscher haben herausgefunden, dass sie ihre Wurzeln ungewöhnlich für ihre Art besonders tief ausgebildet haben.
Normalerweise haben Bäume in etwa so lange Wurzeln, wie sie selbst hochgewachsen sind. Das starke Wurzelwachstum der Bäume in der Wüste zeigt die enorme Anpassungsfähigkeit der Pflanzen an das Klima.
Es kann sein, dass manche Pflanzen, die im Frühjahr neu gepflanzt wurden, vertrocknet aussehen. Doch ich verkneife es mir, hier zur Gießkanne zu greifen. Pflanzliche Wesen merken bereits Stunden vorher, wenn es zu regnen beginnt. Sie stellen sich darauf ein. Einige Blumen schließen sogar ihre Blüten, um sie vor dem Regen zu schützen. Komme ich da plötzlich mit der Gießkanne oder gar mit einem Gartensprenger von oben, bekommen sie einen Schock.

Gieße ich dann noch bei Sonnenschein, kann der Regentropfen wie eine Lupe wirken und die Blätter nehmen Schaden.
Direkt nach dem Pflanzen gieße ich ein paar Tage weiter. Je nach Witterung entscheide ich, wie lange.

Dann ist damit Schluss. Die Pflanze muss dann allein klarkommen und wird das in der Regel auch. (siehe Kapitel Pflanzen).
Wenn ich gieße, dann ausschließlich morgens, damit die Pflanze abends, wenn die Schnecken da sind, schon trocken ist. (Schnecken lieben Feuchtigkeit.)
Ein guter Zeitpunkt zum Gießen ist auch, wenn es ein wenig geregnet hat und wir denken, das war noch nicht genug. Hier gieße ich lauwarm und nicht auf die Blätter.
Die Pflanze ist aufgrund des vorherigen Regens darauf vorbereitet und nimmt keinen Schaden. Hat es ergiebig geregnet, halte ich die Feuchtigkeit im Boden, indem ich einmal durchharke, um zu lockern und dann mit Mulch den Boden zudecke.

Kräuter

Kräuter, alle brauchen sie Wärme. Deshalb säe oder pflanze ich sie im Juni. Sie wachsen dann schnell und haben noch genug Zeit, sich zu entwickeln. Es gibt einjährige und mehrjährige Kräuter. Die einjährigen können sich durch Samenbildung im Herbst leicht selbst aussäen, oder ich nehme das Saatgut ab und hebe es auf, um es dann im nächsten Frühjahr an dem gewünschten Platz auszusäen. Die mehrjährigen Kräuter wachsen wie Stauden im Beet und sind super pflegeleicht.

Kräuterspiralen sind modern geworden in den heutigen Gärten. Sie locken allerlei Insekten an und verbreiten einen herrlichen Duft. Die Kräuterspirale hat den Vorteil, dass ich jeder Pflanze den Platz geben kann, den sie braucht. Die besonders sonnenliebenden stehen oben, wo die Mittagssonne am günstigsten scheint. Die weniger empfindlichen und Kräuter mit mehr Platzbedarf stehen weiter unten.
Ich habe keine Kräuterspirale. Ganz bewusst pflanze ich meine Kräuter direkt in das Gemüse oder Blumenbeet. So haben unsere Vorfahren den Schädlingsdruck kleingehalten. Kräuter haben ätherische Öle, die sie absondern, was z.B. Läuse nicht gerne mögen.
Bestes Beispiel ist das Bohnenkraut, das zwischen die Bohnen gesät wurde. Die schwarze Bohnenlaus fühlt sich in ihrer Gesellschaft nicht wohl und wird sich, falls sich mal Läuse dahin verirren, daher nicht so stark ausbreiten.
So kann man oft schon am Namen erkennen, welchen Platz eine Pflanze im Ökosystem hat.

Doch als Gartenneuling überlege ich mir zuerst, welche Kräuter ich in der Küche verwenden mag. Diese sollten zuallererst angebaut werden. Das am häufigsten verwendeten Kraute wird die Petersilie sein. Sie ist würzig, aber mild im Geschmack, so dass sie die ganze Familie mag.

In einem Mond Buch las ich davon, dass es günstig ist, sie an einem Mittwochvormittag auszusäen. (siehe Anhang). Das kann doch keinen Unterschied bringen, so dachte ich. Doch ausprobieren kostet nichts. Von dem Ergebnis war ich sehr überrascht, da ich bislang wenig Erfolg auf unserem schweren Boden damit hatte. Sie war in den Vorjahren immer sehr spärlich aufgegangen. Eine dichte Petersilienreihe steht nun in meinem Garten.

Kräuter, die ich weiter ernten möchte, werden im Juni vor der Blüte zurückgeschnitten (bei trockener Witterung ca. 1-2 cm über dem Boden). Blühen die Kräuter, so verlieren die Blätter ihren Geschmack und sind für die Küche unbrauchbar.
Kräuter können das Salz beim Kochen zum teilweise ersetzen. Und frischer als aus dem eigenen Beet sind sie nicht erhältlich. Nicht benötigte Kräuter lasse ich stehen. Zum einen, um mich an den Wildbienen und Schmetterlingen zu erfreuen, aber auch, um im Herbst für das nächste Jahr Saatgut sammeln zu können.

SOMMERSONNENWENDE – DAS FEST DES LICHTS.

Am 21. Juni (oder 20. Juni im Schaltjahr) ist der längste Tag auf der Nordhalbkugel. Je weiter nördlich, umso weniger dunkel wird die Nacht. Der Sommer beginnt.

Hier werden traditionell Sonnenwendfeuer angezündet.

Sie brennen zu Ehren des Lichts und sollen böse Geister vertreiben. Mit dem Feuer bitten die Menschen um gutes Wetter und eine reiche Ernte. Die Sommersonnenwendfeier hat einen heidnischen Ursprung. Schon die Kelten haben dieses Fest gefeiert. Mit Musik und Gesang.

Auf der Südhalbkugel hingegen wird der kürzeste Tag des Jahres gefeiert.

Juli - Süßes Nix-Tun

Das Pflanzen ist bereits im April/Mai erledigt. Bei Sonnenschein sollte man noch den Boden mit einer Harke lockern, so dass das Beikraut sich löst. Die Wurzeln bleiben oben liegen und verwelken.
Hängematte raus und die sonnige Zeit genießen!

Monokultur oder kunterbuntes Durcheinander?

Das kunterbunte Durcheinander im Bauerngarten vergangener Zeiten hatte seinen Grund. Vielseitige Kulturen sind wesentlich weniger anfällig für Schädlinge und Pilze. Das gilt auch für den Ziergarten.
Beim federleichten Gärtnern pflanze ich verschiedene Arten in das Beet, um von Anfang an den Krankheitsdruck so gering wie möglich zu halten. Der beliebte Rosengarten, der ausschließlich aus Rosen besteht, ist nur mit der Fungizid Spritze „gesund" zu erhalten. Rosen als ehemalige Waldrandbewohner mögen zudem nicht die pralle Sonne, wie oft angenommen. Sie mögen es halbschattig. Die Kombination mit Stauden und Kräutern, die ebenfalls keine Sonnenanbeter sind, ist sinnvoll (Schafgarbe, Weinraute, Ysop, Pfefferminze etc.). Der oft in Gartenbüchern als Begleitpflanze für Rosen empfohlene Lavendel hat andere Standortansprüche. Er liebt die pralle Sonne.

In Klostergärten wurden Rosen mit in die Gemüsegärten und Staudenrabatten gesetzt. Die Rose steht gerne allein und braucht genügend Abstand zur nächsten Pflanze, damit die Luft zirkulieren kann und es zu keiner Staunässe kommt.

So sind oft Krankheiten wie Rost und Mehltau zu vermeiden.

Schnecken, Läuse und Krankheiten

Schnecken, Läuse und Pilze haben eine Funktion. Sie vertilgen Pflanzen, die schwach oder schon abgestorben sind. Sie sind die Gesundheitspolizei der Natur. Was krank und schwach ist, muss weg, bevor anderes angesteckt wird. Die kranken Pflanzen werden zu Humus umgebaut.

Mit dem federleichten Gärtnern schaffe ich gute Voraussetzungen, dass die Schnecken sich nicht explosionsartig vermehren. Dadurch, dass Regenwasser durch den lockeren Boden schnell versickert, gibt es keine Staunässe. Habt ihr das schon einmal beobachtet? Die meisten Schneckenplagen entstehen bei mehrtägigem Regen.

Dadurch, dass ich (außer zum Pflanzen) nicht grabe, gibt es nicht so viele Erdklumpen, zwischen denen sich die Schnecken verkriechen und Eier legen können. Die vorhandenen Schnecken, die Eier legen wollen, werden von ihren Fressfeinden (z. B. den Vögeln, Kröten) leichter gefunden und nebst Eiern vertilgt.
Pilze entstehen ebenfalls häufig bei Staunässe und so sind auch Pilzerkrankungen nicht so häufig zu beobachten.

Läuse befallen Blumen, die schwach sind, und vertilgen die Blätter. Häufiges Gießen schwächt die Blumen. Dadurch, dass ich beim federleichten Gärtnern nur beim Pflanzen gieße, geht aus dem Wachstumsprozess eine gestärkte Pflanze hervor.

„Warum haben Sie keine Schnecken?“ Das wurde ich bei einer Gartenführung gefragt. Es war regnerisch und trotzdem war keine Schnecke zu sehen. Es gibt Nacktschnecken bei uns im Garten, doch sehr wenige.

Das federleichte Gärtnern hat Vorteile für das Ökosystem, wie im Vorwort beschrieben. Schneckenplagen entstehen nicht so leicht.

Doch auch das Umfeld ist entscheidend. An Orten mit starker Bebauung ist das Gleichgewicht der Natur gestört. Es gibt kaum noch Vielfalt in den Gärten. Die Gärten vor 50 Jahren waren auf Selbstversorgung ausgerichtet.
Heute geht der Erholungswunsch vor. Es werden Blumenrabatten und Zierrasen angelegt. Die Schnecken sind dazu da, ein Gleichgewicht zu schaffen.
Pflasterungen, offener Boden, kränkelnde Pflanzen und Blumenrabatten rufen Schecken auf den Plan. Hier ist etwas im Ungleichgewicht. So machen sie sich an ihre Arbeit. Zugekaufte Erde enthält oft Schneckeneier. So ist es besser, auf den Zukauf zu verzichten.
Schneckenkorn ist hier fehl am Platze. Es hilft wenig, wenn ich die Ursachen nicht beseitige.

Fast erleichtert, wies mich eine Teilnehmerin am Ende meiner Führung darauf hin: „Sie haben doch Schnecken." Auf meinem Kartoffelfeld waren Schnecken am Werk, um die Monokultur Kartoffeln in den Griff zu kriegen.
Die Artenvielfalt hat sich in Deutschland stark verändert. Die Tierhaltung, früher breit gestreut auf die Fläche, hat viele ernährt, nicht nur den Menschen. Mistfliegen und -käfer sind heute stark reduziert.
Seit der Abschaffung unserer Tiere auf unserem Hof 2013 sind auch bei uns etliche Fliegen weniger da. Nicht, dass ich sie vermisse. Doch sie fehlen in der Nahrungskette für Vögel und Insekten.
Jeden Tag wird mindestens ein Bauernhof in Deutschland aufgegeben. Es gehen täglich 60 Hektar an landwirtschaftlicher Fläche verloren. Mit Folgen für die Artenvielfalt, die wir heute noch nicht absehen können.

Licht im Garten

Möchte ich gerne Insekten im Garten haben, verzichte ich auf künstliches Licht. Forschungen haben ergeben, dass Licht den Insekten schadet. Sie können sich nicht mehr so leicht orientieren und haben Probleme bei der Futtersuche. Zudem ist die Fortpflanzung gestört. Licht im Garten kann hier sehr viel Schaden anrichten.
50 % aller Insekten sind nachtaktiv. Störungen hier wirken sich auch stark auf die Kleintiere in meinem Garten aus. Die Insekten dienen einerseits als Futter für viele Säugetiere und Vögel. Sie sind aber auch für das Gleichgewicht der Natur in meinem Garten sehr wichtig.

August - Beeren

Der August ist die Zeit des Beerenobstes (Juli - August), das kaum Arbeit macht, außer dem des Pflückens und Zubereitens. So muss das Paradies sein. Am liebsten von der Hand in den Mund.

Blumen sind
die schönen Worte und
Hieroglyphen der Natur,
mit dem sie uns andeutet, wie
lieb sie uns hat.

Johann Wolfgang von Goethe (Dichter)

Beerenobst

Beerenobst ist leicht anzubauen. Hier wähle ich für die Pflanzung einen sonnigen Bereich im Garten, da die Beeren dann weitestgehend davor geschützt sind, Mehltau zu bekommen. Ich pflanze sie (wie in Kapitel IV beschrieben) und dann heißt es nur noch ein wenig Bodenpflege durchzuführen (siehe Kapitel V) und zu ernten. Und das jahrelang.
Beeren sind reif, wenn sie sich leicht vom Strauch lösen und süßlich schmecken. Die Erntezeit der meisten Beeren ist Juni bis August.

Da gibt es den Holunder, ein Strauch, der allein stehen sollte, da er etwas mehr Platz braucht als andere Beerensträucher. Er trägt im Frühjahr herrlich duftende Blüten. Von diesen kann Holunderblütensirup hergestellt werden. Holunderblütensträucher können älter werden als andere Beerensträucher. Im Herbst können dann die Beeren geerntet und zu Saft oder Gelee verarbeitet werden.

Himbeeren und Brombeeren tragen meist an zweijährigen Trieben (je nach Züchtung). Hier gibt es verschiedene Sorten, die in der Gärtnerei nachzufragen sind. Ich schneide sie im Herbst zurück und lasse aber mehrere Triebe stehen, damit die Pflanze nicht zu geschwächt in den Winter geht.
Oft wird das komplette Zurückschneiden empfohlen. Das ist im Frühjahr immer noch möglich, wenn die Beerensträucher die ersten Triebe und Blätter geschoben haben.

Erdbeeren sind pflegeintensiver, da sie regelmäßig verjüngt werden müssen. Sie bilden stets neue Triebe, die auseinander gepflanzt werden müssen. Tut man es nicht, sind die Erdbeeren klein und schwierig zu ernten in der Masse der Blätter, die die Pflanze ausbildet.
Ich verzichte auf den Anbau von Erdbeeren, da es viele Alternativen gibt.
Die Scheinerdbeere gibt es bei mir im Garten und sie darf verwildern. Sie ist ein Bodendecker unter Sträuchern und als Begleitpflanze an der Benjes-Hecke.
Damit habe ich einen Bewuchs, den ich nicht mähen muss und kann stets die Fläche betreten, ohne mich durch „Unkraut“ kämpfen zu müssen. Außerdem ist sie nahezu wintergrün. Sie schmeckt allerdings bitter und so verbuche ich sie unter der Kategorie „Blumen“.

Überschüssige Erntemengen

Stachelbeeren und Johannisbeeren sind Sträucher, die ebenfalls mehrere Jahre geerntet werden können. Sie wandern direkt von der Hand in den Mund, sind aber auch eingefroren gut zu verwenden.
Ich lege sie trocken einlagig auf ein Backblech und erst einmal für 2 Stunden in die Gefriertruhe. Sind die Beeren hartgefroren, löse ich sie vom Blech und fülle sie in Gefrierbeutel. Bei der Entnahme sind die Beeren bei dieser Methode des Einfrierens nicht aneinander festgefroren.
So habe ich für den kleinen Gebrauch für einen Shake, für einen Kuchen etc. stets die Menge, die ich brauche.

Dies geht mit vielen Beeren sowie Kräutern:
Auf diese Art und Weise kann ich auch Blattgemüse einfrieren (Spinat, Mangold etc.) Das geerntete Gemüse muss allerdings kurz in heißes Wasser und anschließend sofort in kaltes Wasser gegeben werden, um den Garprozess sofort wieder zu stoppen. Mit dem Abseihlöffel entnehme ich die Blätter, die ich dann in eine Salatschleuder gebe. Die geschleuderten Blätter verteile ich dann ebenso dünnlagig auf einem Backblech.
Nach dem Schockgefrieren kann ich die Blätter in eine Kunststoffdose oder Plastiktüte geben und habe so einen Vorrat.

Leider schrumpft die Erntemenge enorm zusammen. Ein Wäschekorb Ernte kann dann in zwei, drei Mahlzeiten aufgegessen sein.Schade, doch selbstangebautes Gemüse schmeckt doppelt so gut wie gekauftes.

Nicht anbauen muss ich die Brennnessel, die - hat man sich an den Geschmack gewöhnt - eine Alternative zu Spinat oder Mangold ist. (Hier sind nur junge Blätter zu verwenden).

September - Erntezeit

Im Herbst zu erntendes Gemüse, Knollen und Fruchtsorten erhalten jetzt den letzten Schub zum Erntegewicht. Gleichzeitig bilden sich Samenstände aus, die die Ernte des nächsten Jahres sichern.

Der Frühling ist zwar schön,
doch wenn der Herbst nicht wär',
wär' zwar das Auge satt,
der Magen aber leer.

Friedrich Freiherr von Logau

Gemüse

Das Ernten von Gemüse ist ein Fest für die Sinne. Hat man erstmal erfahren, dass dies viel besser schmeckt als gekauftes, so wird das Sortiment von Jahr zu Jahr um weitere Sorten ergänzt. Experimentierfreude ist angesagt. Mehr Vielfalt hier bringt auch immer mehr Vielfalt an Tieren, da diese Pflanzen sie anziehen.

Der Nachbau von alten Gemüsesorten zu kommerziellen Zwecken ist schwierig, da hierfür Nachbaugebühren fällig werden. Das können sich kleine Gemüsebauern nicht leisten. Wem das was nützt, dazu mag sich jeder seine eigenen Gedanken machen.

Privat dürfen die Saaten in kleinen Mengen weitergegeben werden. Auch wenn es euch befremdlich vorkommt: Probiert es aus. Ich lasse auch immer kleine Mengen von der Ernte im Beet stehen, da diese Pflanzen ihre Erfahrungen an die nächste Generation Gemüse weitergeben.
Was nicht gegessen wird, kann man einfrieren, einkochen, trocknen oder in einem kühlen Raum lagern.
Darauf gehe ich nicht im Einzelnen ein, das würde ein weiteres Buch füllen. Das sind Informationen, die so nach und nach in der Praxis erlebbar werden.

Blumenzwiebeln

Im Herbst setze ich Blumenzwiebeln in den Rasen oder in die Beete. Narzissen, Tulpen, Krokusse oder andere Zwiebelblüher.
Es gibt viele Sorten und Farben. Ich achte darauf, dass sie verwildern können, der Fachhandel nennt sie Verwilderer. Sie sind für die mehrjährige Pflanzung geeignet.

Verwilderer können über Jahre im Frühjahr ganze Gartenräume füllen. Besonders schön zu sehen ist dies in Schlossgärten, die sich über Jahre entwickeln durften. Sie vertragen es zur Blüte nicht, betreten zu werden.
Viele Blumenzwiebeln, z.B. Tulpen, sind darauf gezüchtet, große Blüten zu bilden. Sieht schön aus in der Vase, doch meistens reicht ihre Kraft nicht aus, mehrere Jahre in Folge zu blühen. Mit einer kleinen Schaufel oder dem Zwiebelpflanzer hebe ich ein kleines Loch aus. Die Zwiebel kommt etwa doppelt so tief hinein, wie sie hoch ist. Der sichtbare Keim sollte nach oben weisen. Mit der ausgehobenen Erde füllen, leicht andrücken und mit etwas Mulch abdecken, fertig. Und schon kann ich mich auf die Blüte im nächsten Frühjahr freuen.

Ist die Blüte im Frühjahr erfolgt, muss das Laub so lange stehen bleiben, bis es gänzlich verwelkt ist. So habe ich jahrelang Blüten, die zum Anfang des Jahres Farbe in den Alltag bringen.

Gründüngung

Abgeerntete Beete besäe ich noch mit Gründüngung. Das sind Blumen, die zum Frost häufig absterben. Der Zweck ist, dass die Beete nicht unbedeckt in den Winter gehen und der Boden nicht ungeschützt der Witterung ausgesetzt ist. Dies sind gute Voraussetzungen fürs Frühjahr, wenn ich die abgestorbenen Blätter zusammenreche und auf den Kompost gebe.
Es ist kaum „Unkraut" gewachsen und so kann ich im Frühjahr die Saat leichter in die Beete bringen. Bei der Gründüngung ist es so, dass große Packungen preislich im Verhältnis viel günstiger sind als kleine Aussaattütchen. Ein Preisvergleich lohnt sich hier. Das Saatgut hält sich auch bis zum nächsten Jahr oder kann mit Nachbarn geteilt werden.

Oktober – Der Sinn des Werdens und Vergehens

Im Oktober können wir den Wandel der Jahreszeiten, so finde ich, am eindrucksvollsten spüren. Das alte geht mit einem Feuerwerk an Farben.
Die Natur gibt noch einmal alles her, damit es im Frühjahr einen Neubeginn geben kann.

> „Nur im Wandel können wir werden, nur im Vergehen kann Neues entstehen."
>
> M. B. Hermann

Obst

Meine Krönung des Jahres ist die Apfelernte. Ich pflücke die Äpfel nach dem Mondkalender, bei abnehmendem Mond, vorrangig an einem Obsttag. An diesen Tagen sind die Äpfel am unempfindlichsten gegen Druckstellen.
Auf Zeitungspapier einlagig verteilt, an einem kühlen Ort, sind viele Sorten bis Februar haltbar. Einen Teil des Fallobstes verarbeite ich zu Apfelmus. Dies mache ich bei schönem Wetter, so macht das Aufsammeln Spaß. Ich sammle alle Äpfel, die unten liegen, auf. Das mache ich regulär vor dem Rasenmähen, um keine faulen Äpfel in die Hand nehmen zu müssen.

Bleibt das Obst unter den Bäumen liegen, können sich evtl. Kleintiere, die das Obst auch gerne mögen (z B. Apfelwickler) vermehren und das gibt schon schlechte Voraussetzungen für meine Ernte im nächsten Jahr.
Überschüssiges Fallobst verteile ich im Unterholz. Das langsame Zergehen dort gibt Nahrung für viele Kleintiere im Winter. Das ist biologische „Schädlingsbekämpfung“: Apfelwickler und Co werden aufgefressen.

Gleiches gilt auch für Birnen und sonstige Obstsorten, die im September und Oktober erntereif sind. Den optimalen Reifezeitpunkt trefft ihr, wenn sich die Frucht durch leichtes Drehen vom Ast löst. Der Stiel sollte für eine gute Haltbarkeit möglichst an der Frucht bleiben. Zur Auswahl gibt es Sorten, die

sofort gegessen werden können, und auch Sorten, die mit der Lagerung erst schmackhaft werden. Das hat die Natur schon gut eingerichtet. Pflanze ich neue Bäume, sollte ich mich damit auseinandersetzen, welches Obst ich mag und wann ich die Früchte essen möchte.

Rasen

Rasen ist kein natürlicher Lebensraum. Der Kreislauf im Wald lässt den Waldboden so herrlich weich werden. Blätter, die fallen, werden zersetzt und als organischer Dünger wieder vom Baum aufgenommen.
Das funktioniert auf einer Rasenfläche nicht so gut. Das Wurzelgeflecht des Rasens lässt kaum die Möglichkeit zu, dass die Blätter vom Regenwurm in die Erde gezogen werden. Im Herbst, wenn alle Blätter vom Baum gefallen sind, helfe ich ein wenig nach. An einem sonnigen Tag (die Blätter sollten trocken sein) fahre ich mit dem Rasenmäher (ohne Fangkorb) über den Rasen. Die Blätter werden gehäckselt.

So können sie besser vom Regenwurm und von den Bodenorganismen in die Erde gezogen und zersetzt werden. Blätter, die dick zusammenliegen, reche ich zusammen. Sie können unter Hecken und im dichten Bewuchs des Unterholzes verschwinden. Dort werden Sie langsam zu Humus umgebaut. Habe ich dann immer noch zu viele Blätter, lege ich in einer Gartenecke einen Laubhaufen für Igel an.

Das Mähen mit dem Mulch-Messer und das Liegenlassen des Schnittgutes ist besser für die Nährstoffversorgung des Rasens. Beseitige ich den Rasenschnitt, ist es sinnvoll, jetzt im Herbst mit organischem Dünger die fehlenden Nährstoffe auszugleichen. Der Mähroboter mulcht den Rasenschnitt und düngt damit gleichzeitig. Für den Rasen gut, doch ist der Roboter eine Erfindung, die dem Artenreichtum nicht entgegenkommt.

Auch ein Rasen kann artenreich sein, ein Ort, an dem sich Hummeln, Schmetterlinge und Co wohlfühlen. Ich lasse hier und dort, wo ich sehe, dass vermehrt Blumen wachsen wollen, Inseln beim Rasenmähen stehen. Sie werden später gemäht. Junghasen verstecken sich gerne in diesen Inseln und werden unbeschadet groß. Unzählige Kleintiere, die wir nicht sehen, ebenfalls. Ich zum Beispiel finde diese Gänseblümchen- und Kleeinseln mittlerweile schön.

Sie bringen Farbe und Leben in meinen Garten, ganz von selbst, ohne dass ich etwas pflanzen muss. Der Rasen ist nicht eintönig und beim Ansehen ist das Auge auf die Blumen geleitet. Es fällt mir leichter, mir zu verzeihen, dass meine Rasenkante nicht abgestochen ist.
Schönheit liegt immer in den Augen des Betrachters.

Stauden

Im Herbst räumen viele Gärtner ihre Beete nochmal ab. Die Stauden werden zurückgeschnitten und gehen „ordentlich" in den Winter. Das hat gravierende Nachteile, weshalb ich erst im Frühjahr schneide. Ich nehme der Pflanze ihren Winterschutz. Die Gefahr, dass die Blume den Winter nicht übersteht, ist groß. Auch können Krankheitserreger leicht durch die Schnittstellen in die Pflanze eindringen. Der Staudenverkäufer freut sich. Ersatzpflanzungen stehen im Frühjahr an. Außerdem fehlt Tieren der Schutz- und Rückzugsraum. Und mir als Mensch entgehen herrliche Winterbilder, die sich bei Frost und Schnee im Garten ergeben. Bei trockenem Wetter sammle ich noch Saatgut von meinen Blumen, die ich im Frühjahr an gewünschten Stellen wieder großzügig aussähe. Oft schütte ich sie auch in einen Briefumschlag und verschenke sie an andere Gartenliebhaber. Bei dieser Tätigkeit lassen sich auch gut Pläne schmieden, wie etwas mehr Farbe in die Herbst- und Winterzeit gebracht werden kann. Etwa durch das Pflanzen eines Zierapfels, einer Zaubernuss oder durch die Ergänzung des Gartens durch immergrüne Sträucher. Auch eignet sich die Zeit gut, den Garten räumlich wahrzunehmen und Ergänzungspflanzungen und neue Gartenprojekte gedanklich vorzubereiten.

November – Wachstumsruhe

Der November ist der Monat der Besinnung. Nicht zufällig sind die kirchlichen Feiertage wie Allerheiligen, Allerseelen, Buß- und Bettag und Totensonntag hier untergebracht.
Der Herbstnebel und die Dunkelheit unterstützen uns dabei, uns auf uns selbst einzulassen.

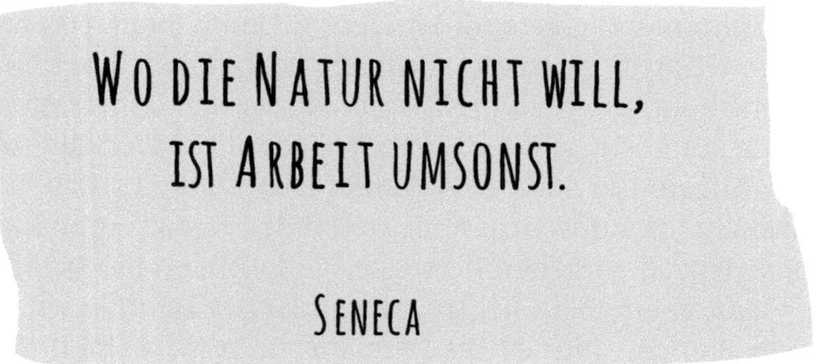

Gartengeräte reinigen

Im November wasche ich meine Gartengeräte gründlich ab und lasse sie in einem warmen Raum trocknen. Sie erhalten eine leichte Schmierschicht, in-

dem ich sie mit einem speiseölgetränkten Baumwolltuch abreibe. Anschließend hänge ich sie trocken auf. Die Gartengeräte sollten stets griffbereit in der Nähe des Gartens aufbewahrt werden. Auch ist eine Transportkarre unumgänglich. Für den Transport der Gartengeräte an den Ort, wo ich sie brauche, aber auch zum Abtransport von Sträuchern, Erde etc. Kleinere Gartengeräte sammle ich in einem größeren mit Sand gefüllten Topf, wo ich sie nach Gebrauch aufbewahre. Das ist übersichtlich und spart viel Zeit beim Suchen fehlender Geräte.
Habe ich vergessen, ein Gartengerät zurückzustellen, fällt mir das sofort auf und ich weiß noch, wo im Garten ich danach suchen muss. Der November ist der perfekte Monat, alles zu überprüfen, evtl. einen Stiel auszuwechseln oder auch mal ein Gerät nachzukaufen. Zum Ende des Gartenjahres alles gut verstaut, gibt einen stressfreien Beginn des neuen.

Benjes-Hecke

In meinem Garten gibt es eine Totholzhecke. Ich habe sie vor Jahren angelegt. Hierzu habe ich versetzt in je 1 Meter Abstand Holzpfähle (ca. 2 Meter lang) ins Erdreich eingeschlagen. Dazu habe ich mir einen Platz hinter der letzten Baumreihe im Garten ausgesucht.
Hierbei habe ich darauf geachtet, dass die Benjes-Hecke die Bäume nicht berührt. So habe ich genug Platz, sie zu befüllen.
Hier landet all mein Strauchschnitt, der für den Kamin nicht geeignet ist. Er wird locker immer oben auf die oberste Schicht gelegt. Durch den Rottepro-

zess kann ich sie immer wieder auffüllen, da sich immer wieder Platz ergibt, auch wenn sie über das Jahr „voll belegt“ erscheint.
Hier landen auch Gartenabfälle, die für den Kompost nicht geeignet sind oder die zu viel Füllmasse auf einmal für den Komposthaufen wären.

Komposthaufen

Einen Komposthaufen im Garten anzulegen, bedeutet weniger Arbeit, als man denkt. Vier Holzpfähle an dem gewählten Platz in die Erde geschlagen,

mit Latten verbunden, dazu zur Belüftung des Kompostes zwischen den Latten einen Zwischenraum lassen. Fertig.
Der fertige Holzlattenkompost aus dem Baumarkt tut es auch. Er sollte unbehandelt sein. Der Platz im Garten, den ich dafür auswähle, ist für einen optimalen Rotteprozess der Halbschatten. Den Platz unter dem Kompost lockere ich 10 Zentimeter tief, damit ein Austausch der Organismen mit dem Boden erfolgen kann. So beginnt der Kreislauf von neuem.
Unten fülle ich eine Lage saugendes Material hinein (Grasschnitt oder Stroh/Blätter). Dann schütte ich über das Jahr organische Abfälle aus dem Garten und Haushalt dazu. Hier wechsele ich zwischen trockenem, feuchtem, grobem und feinem Material ab. Nach einem Jahr
schichte ich den Kompost um. Die obere Schicht ist noch nicht fertig. Ich lege sie auf die Fläche neben dem Kompost. Unten kommt der fertige Kompost zum Vorschein. Den noch nicht fertigen Kompost fülle ich wieder hinein. Der fertige Kompost riecht erdig. Diesen verwende ich mit 6-7 Liter auf den Quadratmeter auf den Beeten. Kompost sollte nicht eingearbeitet werden. Das macht der Regenwurm für uns.
Sollten noch grobe Teile dabei sein, verarbeitete ich sie in meiner Benjes-Hecke. Dies mache ich bei abnehmendem Mond. Wer sich da nicht so recht herantraut, probiert erst einmal einen Laubkompost, kombiniert mit Rasenschnitt oder Stroh. Wer diesen auf die Beete verteilt und die Wirkung spürt, kauft keinen organischen Dünger mehr.
Außerdem fördere ich mit der Anlage eines Kompostes die Artenvielfalt. Für den Umbau unserer Gartenabfälle zu Humus braucht es unzählige Bodenorganismen und Insekten.

Dezember - Traditionen

Es gibt zum Jahreswechsel viele Traditionen, die ihren Ursprung in einer Zeit haben, in der die Menschen im Einklang mit der Natur gelebt haben.
Es lohnt sich, diese aufzugreifen und zu leben. Es verbindet uns mit der Natur.

„Alles in der Natur hat eine Verbindung. Wenn wir sie wieder spüren, dann macht das etwas mit uns.“

Helma Gerken

Barbaratag

An diesem (4. Dezember) Tag werden nach altem Brauch Kirschzweige (oder Zweige von anderen Obstsorten) geschnitten und in eine mit Wasser gefüllte Vase gestellt.
Ein Brauch zum Gedenken an die heilige Barbara in der katholischen Kirche.
Ein schöner Brauch, finde ich, da die Zweige - wenn man Glück hat - an Weihnachten blühen und die Weihnachtsstube schmücken. Einmal in der Woche ist das Wasser zu wechseln.
Dasselbe funktioniert mit der Forsythie und anderen frühen Sträuchern, die auf diese Weise früh zum Blühen gebracht werden.

Weihnachtsbaum

Den Weihnachtsbaum sägen wir 3 Tage vor dem 11. Vollmond. Der 12. Vollmond geht natürlich auch. Weihnachten sollte aber noch nicht vorbei sein. Günstig ist es auch bei zunehmendem Mond (je näher an Vollmond, desto besser). Eine gute Voraussetzung dafür, dass er nicht die Nadeln verliert. Nicht gießen, da dies dem Baum ein falsches Signal gibt. Er möchte die Säfte dann fließen lassen, was natürlich jetzt, abgesägt, nicht möglich ist. Er verliert seine Nadeln.

Wer Platz hat, kann auch einen Baum mit Ballen nehmen und nach der Weihnachtszeit in den Garten pflanzen. Wer die Mondregeln beachtet, hat gute Chancen, dass er anwächst.

Wintersonnenwende

Sie wird im Jahresverlauf kaum beachtet, da sie kurz vor Weihnachten am 21. Dezember ist. An diesem Tag ist bei uns auf der Nordhalbkugel die Sonne am weitesten von der Erde entfernt. Langsam beginnen die Tage, wieder länger zu werden und die Nächte kürzer. Am Baum sind schon Knospen zu sehen.

Die neuen Blätter sind in der Startposition.
Was kaum einer weiß, ist, dass diese die eigentliche Ursache dafür sind, dass die Blätter vom Baum fallen. Fast unsichtbar schieben die Ansätze des neuen Blattes die alten Blätter vom Ast. Unmittelbar danach gibt es eine Herbstruhe, um dann nach der Wintersonnenwende wieder neue Blätter zu schieben, was, je nach Wetterlage, mit dem Vorfrühling beginnt.

LITERATUR/QUELLE

Charles Darwin
Die Bildung der Ackererde durch die Tätigkeit der Würmer
Erstausgabe 1881

Johanna Paungger und **Thomas Poppe**
Der lebendige Garten - Gärtnern zum richtigen Zeitpunkt

Ich habe ausschließlich Wirkungen des Mondes erwähnt,
die ich selber erfahren habe.
Der Garten-/Mondkalender von **Frau Paungger** ist, so finde ich,
für Anfänger leicht zu lesen und anzuwenden.

Es gibt noch viele andere Mondkalender
im Buchhandel zur Auswahl.

Bilder
Helma Gerken

Außerdem im Einklang Verlag:

THERESIA DE JONG
TANJA MICHAELA MEYER
MARLEEN MEINEL

Aus der Fülle der Natur schöpfen. Regional, saisonal und nachhaltig! Mit geschickter Vorratshaltung das ganze Jahr vitale Wildpflanzenkost genießen, frei nach Helga Köhnes Motto: „Es darf nie gesund - es muss immer gut schmecken." Der gelebte Erfahrungsschatz der Pionierin der Wildkräuterküche, jetzt erstmals in einem Buch zusammengefasst!

EINKLANG VERLAG